AOMI TIANXIA

孩子最爱看的 奥秘天下 科学奥秘传奇

HAIZI ZUI AI KAN DE
KEXUE
AOMI CHUANQI

主编 崔钟雷

北方联合出版传媒（集团）股份有限公司
万卷出版公司

前言
PREFACE

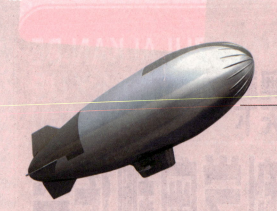

　　没有平铺直叙的语言，也没有艰涩难懂的讲解，这里却有你不可不读的知识，有你最想知道的答案，这里就是《奥秘天下》。

　　这个世界太丰富，充满了太多奥秘。每一天我们都会为自己的一个小小发现而惊喜，而《奥秘天下》是你观察世界、探索发现奥秘的放大镜。本套丛书涵盖知识范围广，讲述的都是当下孩子们最感兴趣的知识，即有现代最尖端的科技，又有源远流长的古老文明；既有驾驶海盗船四处抢夺

的海盗,又有开着飞碟频频光临地球的外星人……这里还有许多人类未解之谜、惊人的末世预言等待你去解开、验证。

　　《奥秘天下》系列丛书以综合式的编辑理念,超海量视觉信息的运用,作为孩子成长路上的良师益友,将成功引导孩子在轻松愉悦的氛围内学习知识,得到切实提高。

编　者

奥秘天下
AOMI TIANXIA

孩子最爱看的
科学奥秘传奇
HAIZI ZUI AI KAN DE
KEXUE AOMI CHUANQI

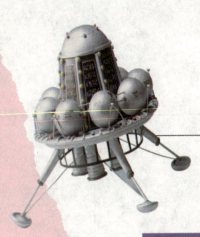

目录

CONTENTS

Chapter 1 第一章

抽屉原理 10

分数线 12

古代趣题 14

代数学 16

几何学 18

概率论 20

奥秘天下
AOMI TIANXIA

孩子最爱看的
科学奥秘传奇
HAIZI ZUI AI KAN DE
KEXUE AOMI CHUANQI

Chapter 2 第二章

基因工程 ………………………………… 24

人类基因组计划 ………………………… 26

克隆技术 ………………………………… 28

基因食品 ………………………………… 30

酶工程 …………………………………… 32

原位杂交 ………………………………… 34

Chapter 3 第三章

多普勒超声诊断仪 ……………………… 38

心脏起搏器 ……………………………… 40

目录
CONTENTS

护理机器人 ………………………………… 42

抗癌新药 TNF ……………………………… 44

Chapter 4 第四章

无土栽培 …………………………………… 48

旅游农业 …………………………………… 50

生态农业 …………………………………… 52

仿生农药 …………………………………… 54

Chapter 5 第五章

高分子材料 ………………………… 58

奥秘天下
AOMI TIANXIA
孩子最爱看的
科学奥秘传奇
HAIZI ZUI AI KAN DE
KEXUE AOMI CHUANQI

高吸水性树脂 ……………………… 60

记忆合金 …………………………… 62

金属玻璃 …………………………… 64

航空材料 …………………………… 66

Chapter 6 第六章

高速公路 …………………………… 70

立交桥 ……………………………… 72

地铁 ………………………………………………………………… 74

磁悬浮列车 ……………………………………………………… 76

现代客机 ………………………………………………………… 78

目录
CONTENTS

Chapter 7 第七章

运载火箭 ·········· 82
探测器 ·········· 88

载人航天器 ·········· 84
气象卫星 ·········· 90

太空站 ·········· 86
和平号空间站 ·········· 92

Chapter 8 第八章

电子邮件 ·········· 96
掌上电脑 ·········· 104

光纤通信 ·········· 98
互联网 ·········· 106

微波通信 ·········· 100
黑客 ·········· 108

笔记本电脑 ·········· 102
防火墙 ·········· 110

CHAPTER 1 第一章

数学宝典

从数字1、2、3,到四则混合运算,再到微积分、极限,数学知识魅力无穷,生活中无处不见数学的身影。

抽屉原理

AOMI TIANXIA

把桌子上的3个苹果放到2个抽屉里,可以第一个抽屉放1个,第二个抽屉放2个,或者第一个抽屉放2个,第二个抽屉放1个,无论怎样放,至少有一个抽屉里有2个苹果。

这一现象就是"抽屉原理",是数学中的一个知识点。虽然这个原理看上去很简单,但它却能解决许多问题。比如,任意13个人中,至少有2个人在同一个月份出生。我们把13个人看成是13个苹果,一年有12个月,

kàn chéng shì gè chōu tì gēn jù chōu tì yuán lǐ jí
看 成 是 12 个 抽 屉，根 据 抽 屉 原 理 即

kě tuī chūshàngshù jié lùn
可 推 出 上 述 结 论。

应用广泛

　　抽屉原理在生活中应用广泛。

提出者

　　抽屉原理也叫狄利克雷原则，是由德国数学家狄利克雷首先提出来的。

糊涂的数学家？

　　狄利克雷是德国著名的数学家。他一生只专注于数学事业，对家庭成员并不十分关心。狄利克雷的儿子经常说："啊，我的爸爸除了数学他什么也不懂。"有这样一个有趣的传说，据说狄利克雷的第一个孩子出生时，他给自己岳父的信中只写上了一个式子：2+1=3。

分数线
AOMI TIANXIA

yì tiáoduǎnhéngxiàn　　jiāng fēn zǐ hé fēn mǔ fēn kāi lái　jí biǎo shì fēn shù　fēn zǐ
一条短 横线"–"将分子和分母分开来即表示分数,分子

xiě zài xiànshang　fēn mǔ xiě zài xiàn xià　rú guǒ shì dài fēn shù　zé bǎ zhěngshù bù fen xiě
写在线 上 ,分母写在线下。如果是带分数,则把 整 数部分写

zài zuǒbiān　fēn shùxiànkàn qǐ lai pǔ tōng　dàn tā de chūxiànjīng lì le hěnmàncháng de
在左边。分数线看起来普通,但它的出现经历了很漫 长 的

guòchéng　shǒuxiān shì gǔ dài
过程:首先是古代

yìn dù rén duì fēn shù de　jì
印度人对分数的记

fǎ　tā men bǎ fēn zǐ jì zài
法,他们把分子记在

分数的历史

早在公元前2100年,古巴比伦人就使用了分母是60的分数。公元前1850年左右,埃及的算学文献中也出现了分数。我国春秋时期的《左传》中用分数规定了诸侯的都城大小。秦代的历法规定,一年的天数为三百六十五又四分之一。

分数的名称

分数能够形象生动地表示这个数的特征。比如,四个人吃一个大西瓜,那么我们就可以把西瓜平均分成四份,那么每个人所得的就是这个西瓜的四分之一。从这可以看出,分数是应除法运算的需要而产生的。

最早使用者

最早使用分数的国家是中国。

shàngmiàn fēn mǔ jì zài xià miàn dài fēn shù de zhěngshù bù fen pái zài zuì shàngmiàn zhè
上面，分母记在下面，带分数的整数部分排在最上面，这
zhǒng jì fǎ duì shì jiè de yǐng xiǎng shì xiāng
种记法对世界的影响是相
dāngshēnyuǎn de hòu lái ā lā bó réngēn jù
当深远的。后来，阿拉伯人根据
gè guó duì fēn shù de biǎo shì fāng fǎ chuàngzào
各国对分数的表示方法，创造
liǎo xiàn zài de fēn shù xíng shì shì jì hòu
了现在的分数形式。18世纪后，
rén men wèi le shū xiě de fāngbiàn yǒu shí jiāng
人们为了书写的方便，有时将
qí xiě chéng xié xiàn de xíng shì
其写成斜线的形式。

5÷2
3/4
14
8
√9
3.14
300,000

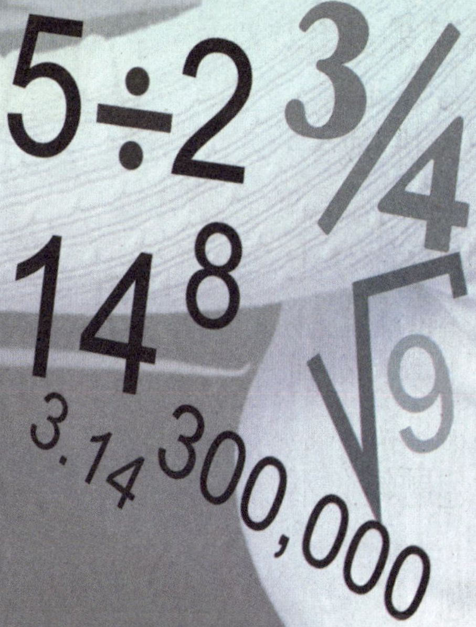

分数的应用

分数中的百分数常常应用在调查、统计中，分数则常在计算、测量中的不到整数结果时使用。

分数在中国的使用

我国春秋时期的《左传》中用分数规定了诸侯的都城大小。秦代的历法规定，一年的天数为三百六十五又四分之一。

古代趣题
AOMI TIANXIA

中国古代数学成就巨大,其中有一些著名的数学趣题。《孙子算经》中就有"鸡兔同笼"问题:"今有鸡兔同笼,上有三十五头,下有九十四足,问鸡兔各几何?"还有"韩信点兵"问题:"韩信在点兵时,命令士兵3个人排成一排,结果多出2名士兵;他接着命令士兵5个人排成一排,结果多出3名士兵;然后他又命令士兵7个人一排,结果又多出2名士兵,问到底有多少兵?"像这样的数学趣题经久不衰,还有"李白沽酒"、"百羊问题"等。

阿拉伯数字

阿拉伯数字是印度人发明的，由阿拉伯人传到欧洲。

数学名著

我国古代数学名著有《孙子算经》《张丘建算经》等。

趣题来源

韩信点兵问题是后人对"物不知其数"问题的一种故事化。

B

C

百鸡问题

中国古代有一个神童。当朝的宰相想要考考他，便给了他100文钱，让他买100只鸡来，要求公鸡、母鸡、小鸡都要有。当时，一只公鸡5文钱，一只母鸡3文钱，三只小鸡一文钱，神童很快算出要买4只公鸡、18只母鸡和78只小鸡。这个神童就是张丘建。

代数学
AOMI TIANXIA

dài shù xué shì shù xué zhōng de jǐ chǔ fēn zhī tā de fā zhǎn jīng lì le zhòng dà de
代数学是数学中的基础分支,它的发展经历了重大的

biàn huà dài shù xué kě yǐ fēn wéi chū děng dài shù xué hé chōu xiàng dài shù xué liǎng bù fen
变化。代数学可以分为初等代数学和抽象代数学两部分。

chū děng dài shù xué zài shì jì shàng bàn yè zhī qián de fāng chéng lǐ lùn jí pàn duàn fāng
初等代数学在19世纪上半叶之前的方程理论,即判断方

知名数学家
　　中世纪,意大利数学家斐波那契系统地介绍了阿拉伯的算术和代数。

chéng shì fǒu yǒu jiě　zěn yàng qiú fāng chéng de jiě děng wèn tí　suàn shù zài dài shù zhī qián
程 是否有解,怎样求方 程 的解等 问题。算 数在代数之前

chū xiàn　zhǔ yào shì zhěng shù hé fēn shù de sì zé hùn hé yùn suàn　ér dài shù zài suàn shù
出现,主要是 整 数和分数的四则混合运算 ,而代数在算 数

zhōng yǐn rù wèi zhī shù fā zhǎn chéng le chū děng dài shù xué　chōu xiàng dài shù xué shì zài chū
中 引入未知数发展 成 了初 等代数学。抽 象代数学是在初

děng dài shù xué de　jī chǔ shang fā zhǎn ér chéng de
等代数学的基础 上 发展而成 的。

观点
　　长期以来,学术界有"代数学是解方程的科学"的观点。

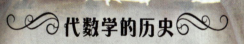

代数学的历史

　　算术与代数在很长时期内都是交错在一起的。中世纪,阿拉伯人将代数学发展为一个独立的数学分支,他们对方程的求解知识进行了深入研究。花拉子米的《代数学》传到欧洲后,作为标准课本流行了几百年。

几何学

AOMI TIANXIA

jǐ hé xué shì shù xué zhōng zuì gǔ lǎo
几何学是数学中最古老

de yí gè fēn zhī gǔ dài shù xué jiā duì jǐ
的一个分支。古代数学家对几

hé xué gòng xiàn jù dà jù zhōng guó zǎo qī
何学贡献巨大:据中国早期

shù xué zhù zuò zhōu bì suàn jīng jì zǎi
数学著作《周髀算经》记载,

gōng yuán qián nián zuǒ yòu shāng gāo
公元前1000年左右,商高

jiù zhī dào yìng yòng gōu sān gǔ sì xián wǔ gōu
就知道应用勾三股四弦五(勾

gǔ dìng lǐ lái cè liáng zhè bǐ xī là bì
股定理)来测量,这比希腊毕

dá gē lā sī fā xiàn gōu gǔ dìng lǐ de shí
达哥拉斯发现勾股定理的时

jiān yào zǎo nián yóu āi jí rén jī lěi de jǐ hé xué zhī shi chuán rù xī là jīng xī là
间要早500年。由埃及人积累的几何学知识传入希腊,经希腊

rén fā zhǎn ér chéng wéi lùn zhèng jǐ hé xué gōng yuán qián shì jì ōu jǐ lǐ dé jí qián
人发展而成为论证几何学。公元前3世纪,欧几里得集前

rén de jǐ hé zhī shi zhī dà chéng biān xiě chū juǎn jǐ hé yuán běn biāo zhì zhe jǐ
人的几何知识之大成,编写出13卷《几何原本》。标志着几

hé xué yǐ jīng fā zhǎn chéng wéi yì mén bǐ jiào wán zhěng de
何学已经发展 成 为一门比较完 整 的
chún cuì shù xué
纯粹数学。

7^2

来源

　　"几何学"出自希
腊文,意思是"测量土
地的技术"。

分支

　　几何学分支众多,有平面
几何、立体几何、非欧几何、解
析几何、拓扑学等。

各种各样的几何体

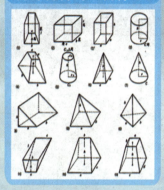

《几何原本》?

　　公元前338年,希腊人欧几里得将前
人的知识系统地总结和整理,写成了《几何
原本》一书。1607年,我国明代科学家徐光
启和利玛窦将《几何原本》翻译成中文。我
们现在学习的几何课本也是依据《几何原
本》编写的。

重要性

　　古希腊哲学家柏拉图曾
经说过:"不懂几何者不得入
内。"这句话充分说明了几何
的重要性。

AOMI TIANXIA

gài lǜ lùn shì yán jiū suí jī xiàn xiàng shù liàng guī lǜ de shù xué fēn zhī
概率论是研究随机现象数量规律的数学分支。

suí jī xiàn xiàng shì zhǐ zài jī běn tiáo jiàn bú biàn de qíng
随机现象是指在基本条件不变的情

kuàng xià tōng guò yí xì liè suí jī shì yàn huò guān chá huì
况下,通过一系列随机试验或观察会

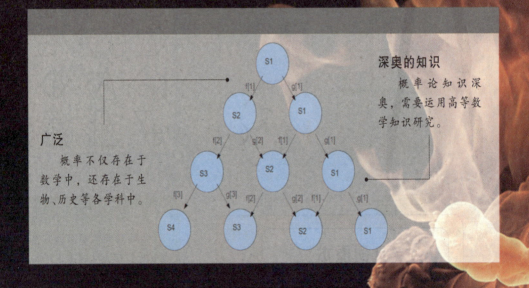

深奥的知识

概率论知识深奥,需要运用高等数学知识研究。

广泛

概率不仅存在于数学中,还存在于生物、历史等各学科中。

产生

用数学方法研究各种结果出现的可能性大小产生了概率论。

发展

人们在赌博中,研究骰子出现的点数推动了概率论的发展。

dé dào bù tóng jié

得到不同结

guǒ de xiàn xiàng

果的现象。

měi yí cì shì yàn

每一次试验

bìng bù néng pàn duàn huì chū xiàn nǎ zhǒng

并不能判断会出现哪种

jié guǒ jù yǒu ǒu rán xìng lì rú zhì yì méi yìng bì kě

结果,具有偶然性。例如,掷一枚硬币,可

néng chū xiàn zhèng miàn yě kě néng chū xiàn fǎn miàn suí jī

能出现正面,也可能出现反面。随机

shì yàn huò guān chá de měi yì kě néng jié guǒ chēng wéi yí gè

试验或观察的每一可能结果称为一个

jī běn shì jiàn yí gè huò yì zǔ jī běn shì jiàn tǒng chēng suí

基本事件,一个或一组基本事件统称随

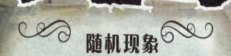

随机现象

概率论可以研究随机现象,随机现象是和决定性现象(也叫必然现象)相对应的。例如,在标准大气压下,水加热到100℃必然会沸腾,这就是决定性现象。但是同一工艺生产的灯泡,其寿命就可能参差不齐,这就是随机现象。

扑克中的概率

　　每张牌被抽中的概率为多少是可以计算出来的。

轮盘抽奖

　　掌握概率知识能避免在轮盘抽奖活动中被骗。

机事件，简称事件。事件的概率是衡量该事件发生可能性的量度。虽然随机事件有偶然性，但在相同条件下，大量重复的随机试验却往往呈现出明显的数量规律。例如，连续多次掷一枚硬币，出现正面的概率随着投掷次数的增加逐渐趋向于1/2。概率论与实际生活有着密切的联系。它在自然科学、技术科学、社会科学、军事和工农业生产中都有广泛的应用。

中奖的概率

买3D或者排列3的每注号码中奖的概率是千分之一，买双色球每注号码中奖的概率却大概是一千七百万分之一。

对概率的错误看法

有人说，"如果事情发生了，概率就是百分之百，如果没有发生，概率就是零，"这个观点是错误的。

用途

现在，概率论经常被用做问卷调查或者对经济前景进行预测。

CHAPTER 2 第二章

生物工程

人类是怎样从嗷嗷待哺的婴儿长成大人的呢？为什么我们和父母那么像，却又不完全一样？怎样才能攻克疑难杂症？……

基因工程
AOMI TIANXIA

基因工程是指在基因水平上的遗传工程。基因是一种复制的形式，将体内的信息传给下一代，使整个家族中有相似的特征。生物的一切生命行为都与基因有关，每一个基因的遗传，都有原始的遗传物质，再加入新的物质，才会获得另一种特质，这与科学技术紧密相关。

用途

基因工程为基因的结构和功能的研究提供了有效的方法。

染色体

染色体是遗传物质 DNA 的载体。

jī yīn gōng chéng shì yí xiàng fù zá de kē xué jì shù néng gěi rén lèi dài lái fú

基因工程是一项复杂的科学技术，能给人类带来福

yīn nóng yè shang néng zēng jiā zhí wù de kàng bìng chóng hài néng lì kě yǐ péi yǎng yōu

音。农业上能增加植物的抗病虫害能力，可以培养优

zhì gāo chǎn de nóng zuò wù shēng huó zhōng néng shēng chǎn zhuǎn jī yīn shí pǐn yī liáo

质、高产的农作物；生活中，能生产转基因食品；医疗

shì yè shang néng fáng zhǐ jí bìng děng děng jī yīn gōng chéng zuì dà de tè diǎn jiù shì

事业上，能防止疾病等等。基因工程最大的特点就是

néng chuàng zào gèng duō yǒu lì yú rén lèi shēng huó de xīn shì wù

能创造更多有利于人类生活的新事物。

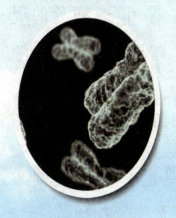

基因？

　　人类的基因具有唯一性（除双胞胎以外）。目前，医学上应用最广泛的就是用于个体识别和亲子鉴定。在许多重大的刑事案件中，DNA 分子的检验能够为破案提供准确可靠的证据，DNA 标志系统检测已经被国际公认是亲子鉴定的最好方法。

人类基因组计划

AOMI TIANXIA

1990年人类基因组计划正式启动。2000年6月26日，来自美国、英国、日本、法国、德国和中国的科学家绘制出人类基因组"工作框架图"。这个计划主要是针对疾病的防治、了解人类的起源、认识

▲ 全面了解基因有助于人类治疗疑难病症。

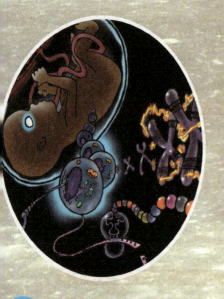

人类自身、掌握生老病死的规律。专家认为：人类基因组研究工作已取得了实质性进展，为揭开生命的奥秘奠定了坚实的基础。

基因的遗传是有一定规律的，

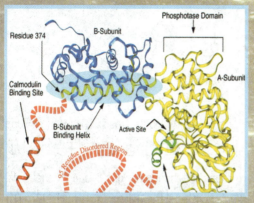

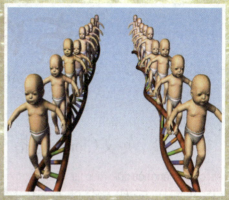

dàn shì yě yǒu jī yīn tū biàn de xiàn xiàng fā shēng yì bān qíng kuàng xià nán rén de jī yīn
但是也有基因突变的现象发生。一般情况下,男人的基因

tū biàn lǜ shì nǚ rén de liǎng bèi suǒ yǐ zài yí chuán zhōng nán rén de jī yīn zhàn yǒu
突变率是女人的两倍,所以在遗传中,男人的基因占有

zhòng yào de dì wèi
重要的地位。

jī yīn duì rén lèi de shēng cún hé fā zhǎn yǒu zhe zhòng yào de
基因对人类的生存和发展有着重要的

yì yì wèi hěn duō jí bìng de yù fáng zuò le hěn hǎo de pū diàn zuò
意义,为很多疾病的预防做了很好的铺垫作

yòng chú cǐ zhī wài rén lèi
用。除此之外,人类

de jī yīn zǔ jì huà duì
的基因组计划对

shēng wù de jìn huà yǒu yí
生物的进化有一

dìng de yǐng xiǎng
定的影响。

基因变异

基因变异是指亲子间和子代个体间的差异。由基因
突变引起的变异称可遗传变异;由环境变异引起的称不
可遗传的变异。比如基因(染色体)如果发生缺失、断裂,
就会把变化的结构遗传给后代,这样就引起了变异,人类
基因组计划旨在治疗这些疾病。

克隆技术
AOMI TIANXIA

克隆，英文Clone，是指从同一个祖先通过无性繁殖方式产生后代，或具有相同遗传性状的个体所组成的特殊的生命群体。

1996年，英国科学家首次成功运用克隆技术克隆出一只绵羊，起名"多利"。它是世界上第一个真正克隆出来的哺乳动物。这

28

biǎomíng rén lèi yǐ jīng nénggòushúliànyùnyòng kè lóng jì shù zài wèi lái rén men kě yǐ
表明,人类已经能够熟练运用克隆技术。在未来,人们可以

yòng kè lóng jì shùpéi yù yōuliángchùzhǒng hé shēngchǎn shí yàndòng wù shēngchǎnzhuǎn
用克隆技术培育优良畜种和生产实验动物;生产转

jī yīndòng wù fù zhì bīn wēi de dòng wù wù zhǒng bǎocún hé chuán bō dòng wù wù zhǒng
基因动物;复制濒危的动物物种,保存和传播动物物种

zī yuán
资源。

克隆,希腊语的意思
是"小树枝叶",主要指无
性繁殖。

中国古代的克隆?

《西游记》中有这样的镜头:孙悟空在和妖怪大战的紧要关头,会从脑后拔一把猴毛,吹一口气就变出了一群和自己一模一样的猴子,这是中国古代克隆技术的设想。从理论上讲,猴毛中含有遗传物质,是可以用于克隆技术的,但现在的科学技术还不能实现。

基因食品

AOMI TIANXIA

1999年,根据全美大豆协会报告,经各种基因工程技术改造过的大豆占了全年大豆总收成的55%。这些经转基因技术改造过的豆类制造出的人造黄油、食用油、啤酒、燕麦片、玉米片、糖果以及面点用油脂等诸多食品走进了千家万户。人类正面临着第二次绿色革命。

第一次绿色革命使世界食品产量在20世纪后期的短短30年间增加了2倍。科学家通过科学技术的应用,大大提

转基因西红柿

转基因西红柿抗冻防腐,鲜味保持时间长。

转基因土豆

转基因土豆形状各异,口味不同。

高了作物的产量。农场主们又通过施肥、杀虫、灌溉,力求使这些农作物长得更加繁茂。

现在,科学家通过引入基因技术,使普通食物产生特殊的功能。例如,用鲆鱼的基因能帮助西红柿、草莓等普通植物抵御寒冷;把某些细菌的基因接入玉米、大豆植株中,以更好地保护它们不受昆虫的侵扰。

转基因食品?

转基因食品按照来源大体可分为三类:(1)转基因植物性食物,如转基因大豆、玉米等;(2)转基因动物性食物,如转基因鱼、猪、鸡、羊等;(3)转基因微生物食品,指利用转基因微生物的作用而生产的食品,如转基因微生物发酵制成的葡萄酒、啤酒、酱油等。

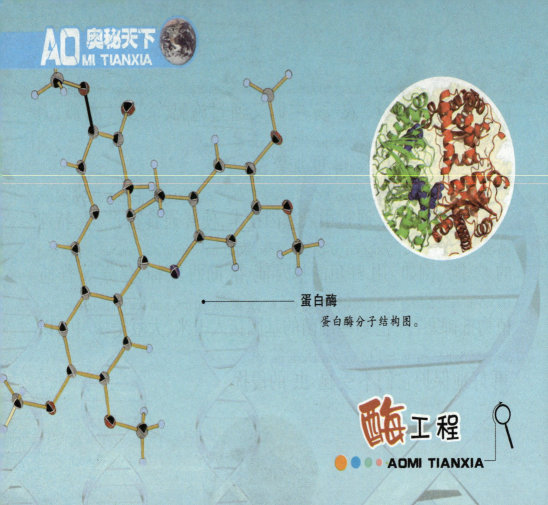

蛋白酶

蛋白酶分子结构图。

酶工程

AOMI TIANXIA

méi zài yìng yòng zhōng zhǔ yào shì jiā sù wù zhì de fēn jiě　chóng zǔ hé zài shēng
酶在应用中主要是加速物质的分解、重组和再生

chǎn　shǔ yú shēng wù cuī huà jì　méi yǔ jī yīn jié hé zài yì qǐ de jì shù　shì xiàn dài
产,属于生物催化剂。酶与基因结合在一起的技术,是现代

kē jì de zhòng yào chǎn wù　yīn cǐ yě chēng zhī wéi gāo jí méi gōng chéng　méi gōng chéng
科技的重要产物,因此也称之为高级酶工程。酶工程

zài shēng wù fāng miàn de yìng yòng zhǔ yào bāo kuò sān ge fāng miàn　yòng jī yīn chóng zǔ jì
在生物方面的应用主要包括三个方面:用基因重组技

shù dà liàng de shēng chǎn méi　duì méi jī yīn jìn xíng fēn jiě　chǎn shēng yì zhǒng xīn de méi
术大量地生产酶;对酶基因进行分解,产生一种新的酶;

酶的用途

酶不仅在工业上大规模生产和应用，而且在食品加工中的用途也很大，有淀粉加工、乳品加工、果汁加工、烘烤食品和啤酒发酵。与这些工艺相关的酶有淀粉酶、葡萄糖异构酶、乳糖酶、蛋白酶等，这些酶占酶制剂市场的一半以上。

设计新的酶基因，组成自然界不曾有过、性能稳定、加速分解效率更高的新的酶。

▲ 酶在药物中应用广泛。

酶工程是近20年发展起来的一个新的应用技术。现

在人们已掌握应用酶技术进行遗传设计，这样做的目的是创制优质酶，以满足人类的特殊需要。酶的应用在生活当中比较广泛，可以用于食品加工、毛皮工业、医药、石油开采、净化污水等方面。

yuán wèi zá jiāo shì   shì jì   nián dài mò fā zhǎn qǐ lai de yì zhǒng fēn zǐ shēng
原位杂交是20世纪60年代末发展起来的一种分子生

wù xué jì shù jù tǐ shì zhǐ yòng yí dìng shēng wù huò huà xué wù zhì   yǔ gè tǐ zhōng de
物学技术。具体是指用一定生物或化学物质，与个体中的

nèi zài wù zhì zá jiāo de fāng fǎ
内在物质杂交的方法。

yuán wèi zá jiāo shì yì zhǒng tè shū de kē xué jì shù   tā shì tōng guò yì xiē huà xué
原位杂交是一种特殊的科学技术，它是通过一些化学

作用

原位杂交对细胞生
物学、分子生物学的发
展具有重要作用

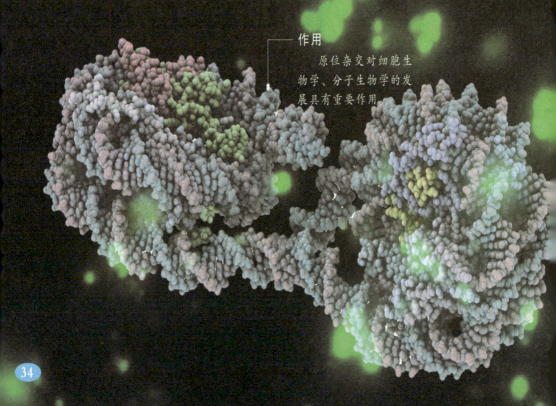

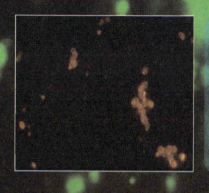

物质的结合,而形成三种不同的新物质,它们往往将带

有标记的基因作为基础,通过特制的仪器将这些基因杂交在

一起,根据一定的规律,运用特殊的方法按照顺序在细胞内

排列位置,其实这种物质人们可以在显微镜下直接观测。

原位杂交的试验过程比较复杂,一般要经过三天的细

微观察,做详细的记录和多样的实验

才能得出结论,往往就是这些得出的

结论才能证明原位杂交技术的科学

性,可以更加准确地为人类造福,被人

mén suǒ yìng yòng
们所应用。

yuán wèi zá jiāo jù yǒu xià liè yì xiē yōu diǎn lì yòng pǔ tōng de guāng xué xiǎn wēi
原位杂交具有下列一些优点：利用普通的 光学显微

jìng kě yǐ zhí jiē guān chá dào suǒ yán jiū de jī yīn zài gè tǐ nèi bù de wèi zhì hé fēn bù
镜，可以直接观察到所研究的基因在个体内部的位置和分布，

bìng néng jì suàn chū yǒu guān jī yīn de yì xiē jù tǐ shù zhí yuán wèi zá jiāo jì shù zài gè
并能计算出有关基因的一些具体数值。原位杂交技术在个

tǐ nèi bù de shuǐ píng yán jiū、jī yīn de què dìng、jī yīn biǎo dá děng zhòng yào wèn tí fāng
体内部的水平研究、基因的确定、基因表达等 重要问题方

miàn fā huī zhe yuè lái yuè dà de zuò yòng
面发挥着越来越大的作用。

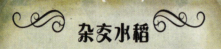

杂交水稻

杂交水稻是选用两个在遗传上有一定的差异，同时它们的优良性状又能互补的水稻品种进行杂交，生产出具有更好的有优良性能的水稻品种的。新中国成立后，中国农业科技上最令人瞩目的就是籼型杂交水稻的培育，它的研究者袁隆平被誉为"杂交水稻之父"。

▲原位杂交需要基因在染色体上定位。

CHAPTER 3 第三章
医疗科技

　　现代社会,拥有健康的体魄对我们每个人来说是至关重要的,而医疗科技的发展是我们身体健康的一个保障。

多普勒 超声诊断仪

● ● ● ● **AOMI TIANXIA**

_{yóu yú měi gè rén shēn tǐ de jié gòu   tǐ zhì děng qíng kuàng bù tóng   huì duì chāo}
由于每个人身体的结构、体质等情况不同,会对超

_{shēng bō jiǎn cè rén tǐ qì guān de gè zhǒng zhuàng tài chǎn shēng bù tóng de fǎn yìng   rén}
声波检测人体器官的各种状态产生不同的反应,人

_{men kě yǐ gēn jù zhè xiē zhuàng kuàng   què dìng fǎn shè fēn bù de guī lǜ lái pàn duàn gè}
们可以根据这些状况,确定反射分布的规律来判断各

_{zhǒng jí bìng}
种疾病。

_{duō pǔ lè chāo shēng zhěn duàn yí jiù shì lì yòng chāo shēng bō de yuán lǐ zhì chéng}
多普勒超声诊断仪就是利用超声波的原理制成

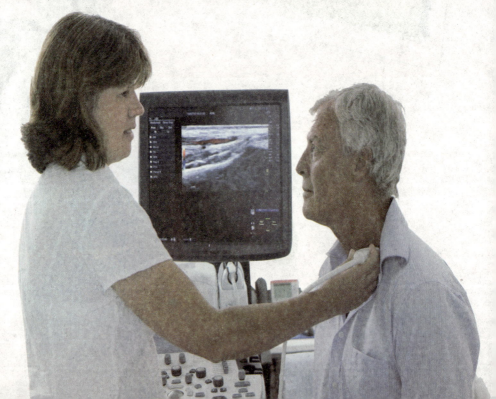

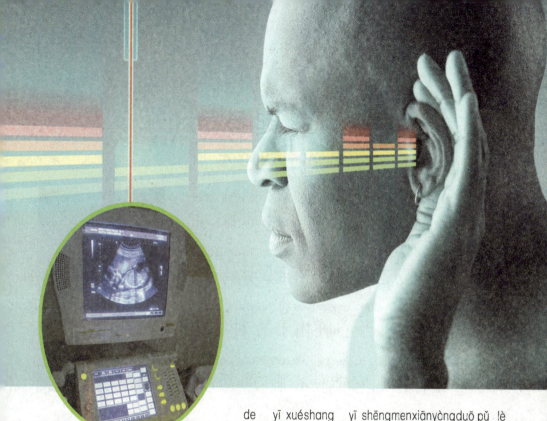

▲ 正在使用的多普勒超声诊断仪。

的。医学上，医生们先用多普勒超声诊断仪给病人诊断，诊断结果会在电脑上以图像的形式显示出来，这样医生根据电脑上的图像就会很准确地判断病情了。

多普勒效应

当我们站在火车站台上时，听见远处开来的火车的笛叫声会比即将远离我们的火车笛叫声音调要高，也就是说，对于静止的观测者来说，向着观测者运动的物体发出的声波频率会升高，相反频率会降低，这就是著名的多普勒效应。

心脏起搏器

心脏起搏器是像火柴盒大小、重量在25~50克之间、外壳由金属钛铸造而成的精密仪器。当心脏由于某种原因不再跳动的时候，它能使心脏重新开始有节奏地跳动。

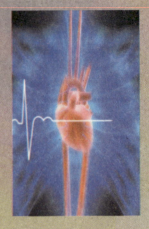

▲ 心脏有规律的跳动才能保证人体健康。

心脏起搏器是一种机器，需要电池。早期的心脏起搏器的电池要装在患者身体的外部，只能短期使用。后来，电池被逐渐改进，有了能放进体内的心脏起搏器电池。20世纪80年代，

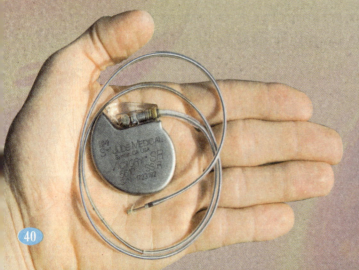

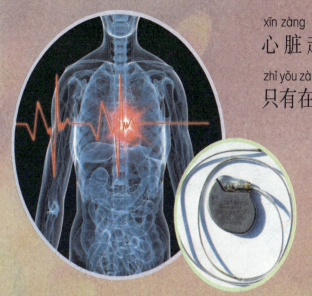

心脏起搏器装入人体后，只有在需要的时候，病人才启动它。更先进的心脏起搏器使用的甚至是核动力，患者能使用20年之久。

永久性心脏起搏器是治疗各种原因引起的心脏障碍的主要方法，主要适用于那些因心跳严重过缓同时又伴有头晕、胸闷、身体乏力、心绞痛昏厥发作或出现充血性心力衰竭的病人。

起搏器

心脏起搏器样式繁多，但原理相似。

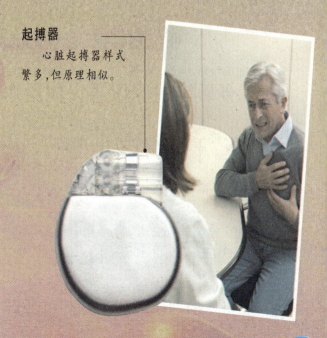

护理机器人

AOMI TIANXIA

shì jì   nián dài   rì běn zuì xiān yán zhì chū yì zhǒng míng
20世纪80年代，日本最先研制出一种 名

jiào   méi lǔ gēn   de kān hù jī qì rén
叫"梅鲁根"的看护机器人。

fǎ guó zuì xīn yán zhì de hù lǐ jī qì rén néng gěi bìng rén dào
法国最新研制的护理机器人能给病人倒

shuǐ wèi fàn kāi shōu yīn jī huò diàn shì jī yǐ jí dǎ diàn
水、喂饭、开收音机或电视机，以及打电

huà děng
话等。

nián   měi guó fēi yuè yán jiū gōng sī shēng chǎn le
1989年，美国飞跃研究公司生 产了

hǎo bāng shǒu hù lǐ jī qì rén tā néng zài yī yuàn li wèi
"好帮手"护理机器人，它能在医院里为

病人送药送饭。这种机器人靠电
脑内存储的医院地图在走廊内自由
行走。它身上有视觉传感
器，所以不会与人相撞，也
不会碰到其他障碍物上，
它还会使用电梯上下楼。"好
帮手"的身体很轻，是由特殊玻璃
纤维和塑料制成的，由体内的蓄电池驱动。

护理机器人？

护理机器人（RI-MAN）能够将病人轻轻地抱起，放在轮椅上，送病人去检查，陪病人散步，给病人洗澡。它们服务周到，而且不怕脏，不怕累，还可以与病人聊天，给病人讲笑话，使病人忘却痛苦。

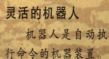

灵活的机器人

机器人是自动执行命令的机器装置。

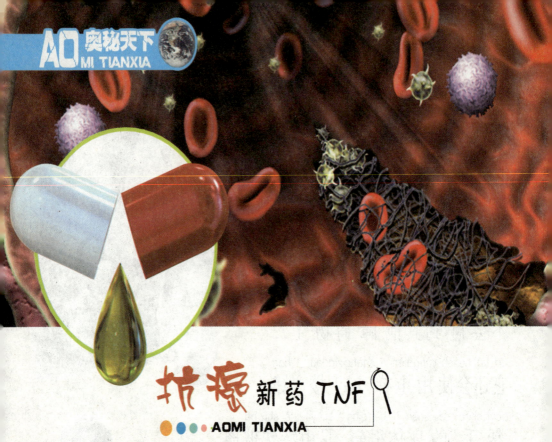

抗癌新药 TNF

AOMI TIANXIA

▲癌细胞结构图。

　　ái zhèng yòuchēngwéi è xìngzhǒng liú shì xì bāo de shēngzhǎngchūxiàn yì cháng
癌症，又称为恶性肿瘤，是细胞的生长出现异常

ér dǎo zhì de jí bìng xì bāo shì dài biǎoshēngmìnghuóxìng de yì zhǒng wù zhì ái xì bāo
而导致的疾病。细胞是代表生命活性的一种物质，癌细胞

zé shì yì zhǒngbìng tài de xì bāo xiàn zài rén men hái
则是一种病态的细胞。现在人们还

bù néngwánquán zhì liáo ái zhēng dàn shì duì kàng ái
不能完全治疗癌症，但是对抗癌

xīn yàoquè jì yǔ zhehěn dà de xī wàng jiù shì
新药却寄予着很大的希望。TNF就是

yì zhǒngyǒuxiào de kàng ái yào wù
一种有效的抗癌药物。

TNF全称为人体肿瘤坏死因子，是一种新型有效的抗肿瘤药物。人们将它注射到肿瘤块中或其周围，就可以使癌细胞没有营养来源而坏死。此外，TNF还能杀伤其他被病毒感

抗癌新药是癌症患者的福音。

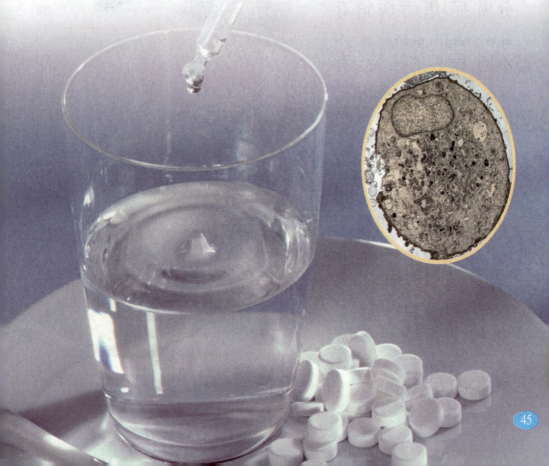

rǎn de xì bāo ér duì zhèng cháng
染的细胞,而对 正 常

xì bāo bù jǐn méi yǒu pò huài zuò
细胞不仅没有破坏作

yòng xiāng fǎn hái néng cì jǐ qí
用,相反还能刺激其

shēng chéng   jīng lín chuáng yàn
生 成 。经临床验

zhèng shǐ yòng   yǐ hòu bù
证 :使用TNF以后,部

fen ái zhèng huàn zhě bìng qíng yǒu
分癌 症 患者病情有

bù tóng chéng dù de hǎo zhuǎn yǒu
不同 程度的好 转 ,有

de bìng zhuàng wán quán xiāo shī
的病 状 完全消失。

zǎo qī   chǎn pǐn shì
早期TNF 产 品是

cóng rén tǐ zhōng fēn lí dé dào
从人体中分离得到

de shù liàng jí wéi xī shǎo qí
的,数量极为稀少,其

shì chǎng jià gé shì huáng jīn jià
市 场 价格是 黄 金价

gé de   wàn bèi
格的200万倍。

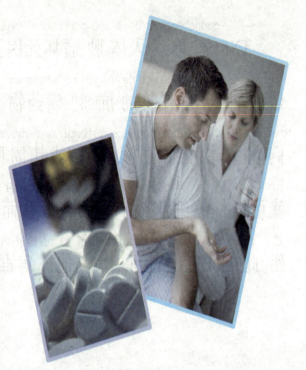

抗癌药物

　　随着医学科技的发展,人们研究出了更多、更有效的抗癌药物。

CHAPTER 4 第四章

农业之窗

　　农业是国民经济之本，它关系着国民经济发展的进程。所以，在传统农业的基础上，大力促进现代化农业的发展是至关重要的事情。

无土栽培

AOMI TIANXIA

wú tǔ zāi péi shì zhǐ bú yòng tiān rán tǔ rǎng
无土栽培是指不用天然土壤

ér yòng jī zhì huò jǐn yù miáo shí yòng jī zhì zài
而用基质或仅育苗时用基质，在

dìng zhí yǐ hòu yòng yíng yǎng yè jìn xíng guàn gài de
定植以后用营养液进行灌溉的

zāi péi fāng fǎ
栽培方法。

有些植物用无土栽培技术比土壤栽培的产量要高。

wú tǔ zāi péi bú yòng shí jì de tǔ rǎng zhǐ xū yào pèi zhì chū hé shì de jī zhì
无土栽培不用实际的土壤，只需要配置出合适的基质

jiù néng wèi zhí wù shēng zhǎng tí gōng suǒ xū de yíng yǎng shuǐ fèn hé yǎng qì bìng néng
就能为植物生长提供所需的营养、水分和氧气，并能

48

gù dìng zhí wù　wú tǔ zāi péi jì néng
固定植物。无土栽培既能

chōng fèn mǎn zú zuò wù duì yíng yǎng
充分满足作物对营养

chéng fèn de xū qiú　yòu néng tí gāo zuò
成分的需求，又能提高作

wù de chǎn liàng　zhì liàng bìng qiě cù jìn
物的产量、质量并且促进

zǎo shú　wú tǔ zāi péi fēn wéi wú jī zhì
早熟。无土栽培分为无基质

zāi péi　　yǐ shuǐ péi wéi zhǔ　hé jī zhì
栽培（以水培为主）和基质

zāi péi　gù tǐ jī zhì zāi péi　liǎng dà
栽培（固体基质栽培）两大

lèi　zhǔ yào yòng yú shū cài　huā huì děng
类，主要用于蔬菜、花卉等

zāi péi
栽培。

xiàn zài　wú tǔ zāi péi jì shù yòu
现在，无土栽培技术又

yǒu xīn tū pò　yǒu yán sè jī zhì de　yǒu
有新突破，有颜色基质的"有

jī shēng tài xíng　wú tǔ zāi péi kě yǐ
机生态型"无土栽培可以

shēng chǎn chū　jī lǜ sè shí pǐn
生产出AA级绿色食品。

无土栽培前景广阔？

无土栽培技术前景广阔，不仅可以节约土地和水资源，还将走向海洋、太空领域。在美国，关于宇宙空间植物栽培的研究报告就是关于无土栽培技术的；在日本，科学家将无土栽培作为研究"宇宙农场"的重要手段。

旅游农业

●●●● AOMI TIANXIA

lǚ yóu nóng yè shì nóng shì huó dòng yǔ lǚ yóu xiāng jié hé de nóng yè fā zhǎn xíng
旅游农业是农事活动与旅游相结合的农业发展形

shì zhǔ yào shì wèi nà xiē duì nóng yè bù liǎo jiě bù shú xī nóng cūn huò kě wàng zài jié
式。主要是为那些对农业不了解、不熟悉农村，或渴望在节

jiǎ rì dào jiāo wài guān guāng lǚ yóu dù jià de chéng shì jū mín fú wù de qí mù biāo
假日到郊外观光、旅游、度假的城市居民服务的，其目标

shì chǎng zhǔ yào shì chéng shì jū mín rén men dào nóng cūn lǚ yóu jì kě yǐ guān shǎng dào
市场主要是城市居民。人们到农村旅游，既可以观赏到

nóng cūn de zì rán fēng guāng qiě nóng cūn yě wèi yóu kè tí gōng bì yào de shēng huó shè
农村的自然风光，且农村也为游客提供必要的生活设

旅游农业在现今是一种释放压力，接近大自然的旅游方式。

shī ràng yóu kè cóng shì nóng gēng shōu huò cǎi zhāi chuí diào sì yǎng děng huó dòng
施，让游客从事农耕、收获、采摘、垂钓、饲养等活动，

xiǎng shòu huí guī zì rán de lè qù
享受回归自然的乐趣。

lǚ yóu nóng yè zài fā huī qí shēng chǎn gōng néng
旅游农业在发挥其生产功能

de tóng shí yě fā huī qí xiū xián dù jià bǎo hù shēng
的同时，也发挥其休闲度假、保护生

tài fēng fù shēng huó děng gōng néng lǚ yóu nóng yè de
态、丰富生活等功能。旅游农业的

fā zhǎn yǒu lì yú chéng xiāng jiān guān xì de hé xié qí
发展，有利于城乡间关系的和谐，其

fā zhǎn qián jǐng shí fēn guǎng kuò
发展前景十分广阔。

生态农业

AOMI TIANXIA

shēng tài nóng yè shì zhǐ yǐ shēng tài jīng jì xì tǒngyuán lǐ wéi zhǐ dǎojiàn lì qi lai
生态农业是指以生态经济系统原理为指导建立起来

de zī yuán huánjìng xiào lù xiào yì jiān gù de zōng hé xìngnóng yè shēngchǎn tǐ xì
的资源、环境、效率、效益兼顾的综合性农业生产体系。

zhōngguó de shēng tài nóng yè zài shì jì nián dài de zhǔyàocuò shī shì shí xíng
中国的生态农业在20世纪70年代的主要措施是实行

liáng dòu lún zuò hùnzhòng mù cǎo hùn hé fàng mù zēng shī yǒu jī féi cǎi yòngshēng wù
粮、豆轮作,混种牧草,混合放牧,增施有机肥,采用生物

fáng zhì shí xíngshǎomiǎngēng jiǎnshǎohuà féi nóngyào jī xiè de tóu rù děng shì
防治,实行少免耕,减少化肥、农药、机械的投入等;20世

52

jì   nián dài chuàng zào le xǔ duō jù
纪80年代 创 造了许多具

yǒu míng xiǎn zēng chǎn zēng shōu xiào yì
有 明 显 增 产、增 收 效 益

de shēng tài nóng yè mó shì   rú dào tián
的 生 态农业模式,如稻田

yǎng yú yǎng píng lín liáng lín guǒ
养鱼、养 萍,林 粮、林 果、

lín yào jiàn zuò de zhǔ tǐ nóng yè mó shì
林药间作的主体农业模式。

shēng tài nóng yè shì yì zhǒng zhī
生 态农业是一 种 知

shi mì jí xíng de xiàn dài nóng yè tǐ
识密集型的 现代农业体

xì   shì nóng yè fā zhǎn de xīn mó shì
系,是农业发展的新模式。

生态农业的生产以
资源的永续利用和生态
环境保护为重要前提。

仿生农药

AOMI TIANXIA

fǎng shēng nóng yào shì zhǐ yóu rén gōng
仿 生 农药是指由人工

fǎng zhì zì rán jiè huà hé wù ér zhì chéng de
仿制自然界化合物而制 成 的

nóng yào dāng fā xiàn zì rán jiè zhōng mǒu
农药。当发现自然界中某

zhǒng dòng zhí wù tǐ nèi hán yǒu de wù zhì
种 动、植物体内含有的物质,

duì bìng chóng zá cǎo jù yǒu dú shā zuò
对病、虫、杂草具有毒杀作

yòng shí rén men biàn yán jiū zhè xiē wù zhì de shēng wù huó xìng yǒu xiào chéng fèn huà xué
用时,人们便研究这些物质的 生 物活性、有效 成 分、化学

▲沙蚕。

jié gòu zài yòng rén gōng hé chéng fāng
结构,再用人工合成方

fǎ fǎng zhì zhè xiē huà hé wù huò tā de
法仿制这些化合物或它的

lèi sì wù zuò wéi shā chóng huò shā jūn
类似物作为杀虫或杀菌

jì lì rú shā chóng jì bā dān jiù
剂。例如,杀虫剂巴丹就

shì gēn jù hǎi biān dòng wù yì zú suǒ cán
是根据海边动物异足索蚕

（俗称 沙蚕）体内毒素的化学结构研制出的类似有毒的化合物。

在试验田里，第一天将仿生农药喷洒在草莓上，第二天就可以采摘。这充分说明仿生农药的毒性之低。由于仿生农药出自安全的天然物，具有毒性低、残

▲ 正在喷洒农药的飞机。

仿生农药的种类？

目前，仿生农药可以分为三类：一是植物源农药、抗生素农药的有效化学结构的修饰物；二是通过模仿生物农药的有效化学结构，人工合成的农药；三是在生物源中选择有农药活性的化学结构进行多种结构修饰而合成的系列化的农药产品。

留低、与环境相容性好，广
谱、高效 等特点，只是针对害
虫，对人畜无害，所以有很大的
发展空间。目前，仿生农药已
经占据农药市场的一半，发展
绿色农业还需要加强对仿生
农药的研制。

▲仿生农药保障了农产
品的无污染和安全性。

CHAPTER 5 第五章
工业技术

　　现代工业发展飞速，各种各样的新材料层出不穷，使我们的生活发生了天翻覆地的变化，令人们不得不惊叹科技的伟大。

高分子 材料

AOMI TIANXIA

gāo fēn zǐ cái liào shì zhǐ yóu fēn zǐ liàng jiào gāo
高分子材料是指由分子量较高

de huà hé wù gòu chéng de cái liào　wǒ men jiē chù de
的化合物构成的材料。我们接触的

tiān rán cái liào
天然材料

tōng cháng shì
通常是

yóu gāo fēn zǐ cái liào zǔ chéng de　rú shí yóu mián
由高分子材料组成的,如石油、棉

huā rén tǐ qì guān děng　rén gōng hé chéng de huà
花、人体器官等。人工合成的化

xué xiān wéi shù zhī　sù liào hé xiàng jiāo děng yě shì
学纤维、树脂、塑料和橡胶等也是

rú cǐ
如此。

rén gōng hé chéng de gāo fēn zǐ cái liào zhōng
人工合成的高分子材料中,

sù liào zài wǒ men de shēng huó zhōng suí chù kě jiàn
塑料在我们的生活中随处可见;

jiā li cháng yòng de jiāo pí shǒu tào　jiù shì yòng
家里常用的胶皮手套,就是用

橡胶做成
的篮球。

▲ 在我们的生活中，高
分子材料无处不在。

xiàng jiāo zuò de
橡 胶 做 的。

gāo fēn zǐ cái liào yǐ jīng guǎng
高分子材料已经 广

fàn yìng yòng yú kē xué jì shù guó
泛 应 用 于 科 学 技 术、国

fáng jiàn shè hé guó mín jīng jǐ děng gè
防 建 设 和 国 民 经 济 等 各

gè lǐng yù bìng yǐ chéng wéi xiàn dài
个 领 域，并 已 成 为 现 代

shè huì shēng huó zhōng bù kě quē shǎo
社 会 生 活 中 不 可 缺 少

de cái liào
的 材 料。

高分子材料？

　　按照来源，高分子材料可以分为三类：
天然、半合成（改性天然高分子材料）、合
成高分子材料。人类应用蚕丝、棉、毛织成
衣物，用木材等造纸都是在应用天然高分
子材料。1907 年，合成高分子酚醛树脂的
出现，标志着人类应用合成高分子材料的
开始。

高吸水性树脂

AOMI TIANXIA

应用在农林

在农林业方面，高吸水性树脂除了吸水，还能吸收肥料、农药，并缓慢释放出来以增加肥效和药效。

高吸水性树脂历史

1982年，纸尿裤需求的增大促进了高分子凝胶的研究，90年代，高分子学会开始成立"高分子凝胶研究会"。

gāo xī shuǐ xìng shù zhī　　　　shì yì

高吸水性树脂（SAP）是一

zhǒng gāo fēn zǐ cái liào　yǒu zhe qí tè de xī shuǐ

种高分子材料，有着奇特的吸水

xìng néng hé bǎo chí shuǐ fèn de néng lì　gāo xī

性能和保持水分的能力。高吸

shuǐ xìng shù zhī xī shuǐ liàng kě dá zì shēn zhòng

水性树脂吸水量可达自身重

liàng de shù bǎi bèi shèn zhì shàng qiān bèi　wú dú

量的数百倍甚至上千倍，无毒、

wú hài　wú wū rǎn

无害、无污染。

60

1976 年，日本三洋化成是全球最早研究和生产吸水性树脂的厂家。之后，各国相继开始研究高吸水性树脂。

珠状高吸水性树脂和高吸水性树脂干燥剂。

高吸水性树脂因其奇特的吸水性而应用广泛。生活中，用高吸水性树脂制成的婴儿纸尿裤，不仅吸水性大，而且安全舒适，深受妈妈们的喜爱。人们的生活已经离不开高吸水性树脂。

高吸水性树脂做成的冰垫。

高吸水性树脂发展

最早的高吸水性树脂是 1974 年美国学业部北方研究所研制的淀粉接枝丙烯腈共聚物的水解物，但 20 世纪 80 年代初却是日本的高吸水性树脂开发技术占据了世界主导地位。目前，全世界生产高吸水性树脂的厂家有 30～40 个，主要分布在日本、美国及欧洲。

AOMI TIANXIA

20世纪60年代，世界材料科学中出现了一种"记忆"合金。

例如，一根螺旋状高温合金，经高温退火后，它的形状处于螺旋状态。在室温下，即使花很大力气把它强行拉直，但只要把它加热到一定的"变态温度"时，这根合金仿佛记起了什么似的，立即恢复到它原来的螺旋形态。

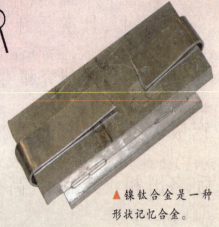

▲ 镍钛合金是一种形状记忆合金。

铜锌记忆合金丝。

至今，发现具有"记忆"能力的合金已达80种，有些已在某些领域获得实际应用。在机械方面，用记忆合金制成的

tào guǎn kě yǐ dài tì
套管可以代替

hàn jiē ; zài yī xué lǐng
焊接;在医学领

yù , jì yì hé jīn kě
域,记忆合金可

yǐ zuò jiē gǔ yòng de gǔ bǎn 。 zài háng tiān lǐng
以做接骨用的骨板。在航天领

yù , yǔ háng yuán zài yuè qiú fàng zhì de bàn yuán
域,宇航员在月球放置的半圆

xíng de tiān xiàn jiù shì yòng jì yì hé jīn zuò de 。
形的天线就是用记忆合金做的。

jì yì hé jīn zài háng kōng háng tiān lǐng yù hái huì
记忆合金在航空航天领域还会

yǒu gèng dà de fā zhǎn
有更大的发展。

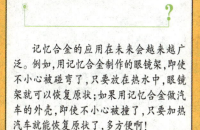

记忆合金的应用在未来会越来越广泛。例如,用记忆合金制作的眼镜架,即使不小心被碰弯了,只要放在热水中,眼镜架就可以恢复原状;如果用记忆合金做汽车的外壳,即使不小心被撞了,只要加热汽车就能恢复原状了,多方便啊!

规范的分类

形状记忆合金分为三类,单程记忆合金、双程记忆合金、全程记忆合金。这是按照加热和冷却时各自的表现分的。

记忆合金的特点

除了有记忆功能,记忆合金还具有质量轻、强度高和耐腐蚀性等特点,所以深受各领域的青睐。

记忆合金是一种有"生命的合金",它的用途在不断扩大。

金属玻璃
AOMI TIANXIA

1960年, 美国科学家皮·杜威首先发现: 金硅合金等液态贵金属合金在冷却速度非常快的情况下, 当金属内部的原子来不及"理顺"位置, 仍处于无序紊乱状态时, 便会马上凝

金属玻璃即使在变形后也很容易弹回到它的初始状态。

固, 成为非晶态金属。这些非晶态金属具有类似玻璃的某些结构特征, 故称为"金属玻璃"。

金属玻璃的发现人——皮·杜威。

美国加州的技术公司改进了金属玻璃技术, 制造

凝固的金属玻璃。

chū de jīn shǔ bō li de qiáng dù bǐ zuì hǎo de
出的金属玻璃的 强 度比最好的

gōng yè yòng gāng qiáng dù gāo bèi tán xìng
工业用 钢 强 度高3倍,弹性

dà bèi qí xìng néng fēi cháng yōu yì
大10倍,其性 能非 常 优异。

jīn shǔ bō li yǐ jīng chéng wéi dāng jīn
金属玻璃已经 成 为当今

cái liào xué lǐng yù zuì huó yuè de cái liào zhī yī
材料学领域最活跃的材料之一。

广泛的应用

　　早期研制的金属玻璃用于制造高尔夫球棍的头儿,它也是制造变压器和其他产品的理想材料。

被称赞的玻璃之王

　　金属玻璃拥有独特的机械性和磁性,因此被人们称赞为"敲不碎、砸不烂"的"玻璃之王"。

65

航空 材料
AOMI TIANXIA

háng kōng cái liào fàn zhǐ yòng yú zhì zào háng kōng fēi xíng
航空材料泛指用于制造航空飞行

qì de cái liào chū yú duì háng kōng fēi xíng jí qí ān quán xìng
器的材料。出于对航空飞行及其安全性

de kǎo lù háng kōng jié gòu cái liào de tè diǎn shì qīng zhì gāo
的考虑,航空结构材料的特点是轻质、高

qiáng gāo kě kào
强、高可靠。

zài xiàn dài cái liào kē xué yǔ jì shù de fā zhǎn lì chéng
在现代材料科学与技术的发展历程

zhōng háng kōng cái liào yì zhí bàn yǎn zhe xiān fēng hé jī chǔ zuò
中,航空材料一直扮演着先锋和基础作

航空材料

　　利用先进航空材料制成的驾驶室设备保证了飞机的安全运行。

用：机体材料的进步不仅推动飞行器本身的发展，而且带动了地面交通工具及空间飞行器的进步；发动机材料的发展则推动着动力产业和能源行业的不断进步。

航空材料具有一系列的优点，比如，优良的耐高温性能，

航空材料的深入研究推动着航天事业的蓬勃发展。2008年9月25日，中国航天员穿着我国自主研制的"飞天"航天服，飞往太空，完成了神奇的太空之旅。这种舱外航天服可以有效地保障航天员在太空行走的安全，使其保持良好的活动性，较为灵活。

飞行器材料

组成飞行器的航空材料发展迅速，从铝合金、高强钢、高强钛合金到聚合物复合材料，越来越先进。

生活中的航空材料

航空材料不仅应用在航空航天上，生活中，用废弃的飞机材料做成的家具、新型灯具备受欢迎。

nài lǎo huà hé nài fǔ shí　néng gòu shì yìng kōng jiān
耐老化和耐腐蚀，能够适应空间

huán jìng děng　xiàn zài　rén men zhèng zài zhú jiàn bǎ
环境等。现在，人们正在逐渐把

háng kōng cái liào guǎng fàn de yìng yòng yú shēng huó
航空材料广泛地应用于生活

dāng zhōng
当中。

yí dài cái liào　yí dài fēi xíng qì　shì háng
"一代材料，一代飞行器"是航

kōng gōng yè fā zhǎn de zhēn shí xiě zhào　yě shì háng kōng cái liào dài dòng xiāng guān lǐng yù
空工业发展的真实写照，也是航空材料带动相关领域

fā zhǎn de shēng dòng miáo shù　kě yǐ shuō　háng kōng cái
发展的生动描述。可以说，航空材

liào fǎn yìng jié gòu cái liào fā zhǎn de qián yán　tā dài biǎo
料反映结构材料发展的前沿，它代表

le　yí gè guó jiā jié gòu cái liào jì shù de zuì gāo shuǐ píng
了一个国家结构材料技术的最高水平。

CHAPTER 6 第六章

交通纵横

　　我们的生活离不开衣食住行，而出行在生活中的地位也越来越重要。现在我们出行不光讲究方便、快捷，还要讲究安全、舒适。

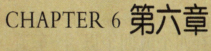

高速公路是具有四个或四个以上车道,设有中央分
隔带,具有全面的安全设施和管理设施,控制汽车分道分
向行驶的现代化公路。

在公路设计上,它除了考虑所连通的地点,还要考虑
公路经过地区的地质情况,尽可能避免大的高低落差。

1988年,中国第一条全长18.5千米的上海-嘉定高

高速公路为人们的生活提供了便利。

sù gōng lù jiàn chéng tōng chē　　　　nián　zhōng
速公路建 成 通车。1993年，中

guó dì yī tiáo lì yòng shì jiè yín háng dài kuǎn jiàn shè de kuà shěng shì gāo sù gōng lù
国第一条利用世界银行贷款建设的跨 省 市高速公路——

quán cháng　　qiān mǐ de jīng jīn táng gāo sù gōng lù jiàn chéng tōng chē
全 长 143千米的京津塘高速公路建 成 通车。

gāo sù gōng lù de fā zhǎn jiā sù le wù zī de liú
高速公路的发展加速了物资的流

tōng　shǐ yán xiàn de chéng shì　gōng yè zhōng xīn　jiāo
通，使沿线的 城 市、工业中心、交

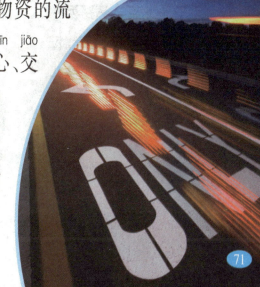

tōng shū niǔ hé kāi fàng gǎng kǒu de lián xì gèng
通枢纽和开放 港 口的联系更

jiā biàn jié　dà dà cù jìn bìng dài dòng le qí
加便捷，大大促进并带动了其

tā chǎn yè de fā zhǎn hé jìn bù
他产业的发展和进步。

立交桥

AOMI TIANXIA

四元桥

位于首都机场高速公路上的四元桥是四层全互通式大型立交桥，共有大小桥梁26座，是全国最大的城市立交桥。

北京西直门立交桥

西直门立交桥是北京二环路西北的一座立交桥，位于北京老城墙西北角，原北京西直门原址上。

现代社会的发展，城市人口急剧增加，随之而来的是人们的出行出现了困难，日益增多的车辆导致了城市交通堵塞拥挤，平面交叉的交通系统已经不能满足人们的需求，立交桥就是为保证交通互不干扰，而在道路铁

立交桥保证了车辆通行顺畅。

lù jiāochāchù jiànzào de qiáoliáng
路交叉处建造的桥梁。

nián měiguó shǒuxiān zài xīn
1928年,美国首先在新

zé xī zhōu de liǎng tiáo dào lù jiāochāchù
泽西州的两条道路交叉处

xiū jiàn le dì yī tiáo mù xu yè xíng de
修建了第一条苜蓿叶形的

gōng lù jiāochāqiáo zhī hòu qí tā gè
公路交叉桥。之后,其他各

guó lù xù kāi shǐ xiū jiàn lì jiāo qiáo
国陆续开始修建立交桥。

zhōngguó de xǔ duō chéng shì jīng cháng fā
中国的许多城市经常发

夜色中的立交桥是
一道美丽的风景线。

shēng jiāotōng yōng jǐ xiànxiàng suǒ yǐ hěn duō chéng shì xiū jiàn de lì jiāo qiáo qǐ dào le hěn
生交通拥挤现象,所以很多城市修建的立交桥起到了很

dà de zuòyòng
大的作用。

立交桥
立交桥的出现缓解了
平面交叉道口的车辆
堵塞和拥挤现象。

地铁

AOMI TIANXIA

地铁具有节省土地、减少噪音、减少干扰、节约能源的优点，而且安全性较强，但是造价成本较高。

地上车流如织，地下的交通运输也相当繁忙，这就是地铁。地铁，顾名思义就是修建在地下隧道中的铁路。世界上第一条地铁是伦敦地铁，诞生于1863年，每天约有上千班列车行驶其间。莫斯科地铁也是

地铁是现代社会一种方便、快捷的交通方式。

较为古老的地铁，其车站装饰华丽，颇具宫殿式艺术展览馆的风采。1956年，巴黎地铁率先给车厢下面的车轮安装上了气胎，以避免震动。

地铁绝大多数是用来运载乘客的，但是在很多场合下，地铁还有其他的作用。美国芝加哥曾有用来运载货物的地下铁路；英国伦敦亦有专门运载邮件的地下铁路。第二次世界大战时，地铁被用作工厂或防空洞。

磁悬浮列车

AOMI TIANXIA

磁悬浮列车利用的是磁铁"同性相斥,异性相吸"的原理。

cí xuán fú liè chē zài yùn xíng de guò chéng

磁悬浮列车在运行的过程

zhōng cí xuán fú jiàn xì yuē lí mǐ yǒu líng gāo

中,磁悬浮间隙约1厘米,有"零高

dù fēi xíng qì de měi yù yóu yú liè chē lì yòng cí

度飞行器"的美誉。由于列车利用磁

xuán fú shǐ qí tái lí dì miàn xiāo chú le yǔ guǐ

悬浮,使其抬离地面,消除了与轨

dào miàn de zhí jiē mó cā jù yǒu zào shēng xiǎo néng

道面的直接摩擦,具有噪声小、能

"世纪号"磁悬浮列车。

hào shǎo　wú wū rǎn　ān quán
耗少、无污染、安全

shū shì hé gāo sù gāo xiào děng
舒适和高速高效 等

tè diǎn
特点。

nián　xī nán jiāo
2000年,西南交

tōng dà xué yán zhì de shì jiè
通大学研制的世界

shàng dì　yī liàng zài rén gāo wēn
上 第一辆载人高温

chāo dǎo cí xuán fú liè chē　shì jì hào　yǐ jí hòu lái yán zhì de zài rén cháng wēn cí xuán
超导磁悬浮列车 "世纪号"以及后来研制的载人 常 温磁悬

fú liè chē　wèi lái hào　shòu dào le quán qiú de guān zhù
浮列车"未来号"受到了全球的关注。

nián　xī nán jiāo dà zài sì chuān
2003年,西南交大在四川

chéng dū de qīng shān cí xuán fú liè
成都的青山磁悬浮列

chē xiàn wán gōng　xī yǐn le
车线完工,吸引了

guó nèi wài de yóu kè qián lái
国内外的游客前来

cān guān　shì zuò
参观、试坐。

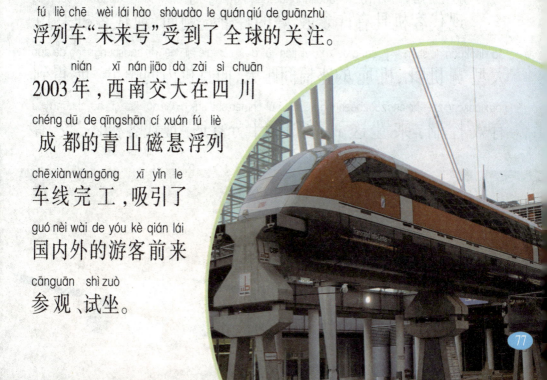

现代客机

近年来，世界各地的航空事业都有了很大的发展，尤其是现代客机的进步。现代客机具有速度快、准时起飞率高、用油省、票价低廉的特点，因此被称为"空中公共汽车"。

现代客机具有许多良好的性能。例如，现代客机采用大型宽机身，机舱的座椅间距大，而且机内的噪声能得到有效控制，乘坐这种客机会十分舒适。现代客机还装有

完善的无线电导航和着陆设备。西方发达国家生产的一种型号为A-310的空中公共汽车式客机，采用了一种新颖的机翼。一般飞机在以每小时800~900千米的速度飞行时，机翼上方就会出现一种"激波"，使飞机阻力急剧上升。但是A-310采用这种新型机翼，直到飞机飞行速度达到时速950千米

著名的客机

协和、波音和空中客车是目前世界上最著名的三种客机，协和是超音速，波音和空中客车是亚音速。

客机和其生产公司

现在最大的客机是空中客车A380，是由法国空中客车公司生产的，有名的客机生产公司还有美国波音公司等。

▲豪华舒适的空中客机舱。

以上时,机翼才会出现激波。这项措施充分突出了现代客机"快"的特点。

现代客机在未来会更加先进,并为人们提供更多的便利。

豪华的客机

世界大型民用飞机载重能力大,机舱内有商务中心、健身房、医疗中心、图书馆、餐厅和酒吧等设施。

CHAPTER 7 第七章

航空航天

航空航天事业是 21 世纪最重要的科研项目之一,也是体现一个国家综合国力的重要标准,中国现在蓬勃发展的航天事业就是最好的证明。

运载火箭

AOMI TIANXIA

1956年，中国开始自行研制现代化火箭。

1964年6月29日，中国自行设计研制的中程火箭试飞成功。经过5年的艰苦努力，1970年4月24日，"长征1号"运载火箭诞生，首次发射"东方红1号"卫星，并获得巨大成功。

"长征"系列火箭便是运载火箭，它是指用速度克服地球引力，将地球卫星、载人飞船、空间探测

　　运载火箭将人造卫星或宇宙
飞船等运送到预定轨道。

qì děngsòng rù tài kōng de háng tiān yùn shū gōng jù　yì
器 等 送 入 太 空 的 航 天 运 输 工 具。一

bān yùn zài huǒ jiàn yóu duō jí gòu chéng　rú　chángzhēng
般 运 载 火 箭 由 多 级 构 成，如"长 征 2

hào　yùn zài huǒ jiàn wéi èr jí huǒ jiàn　　chángzhēng
号"运 载 火 箭 为 二 级 火 箭，"长 征 3

hào　yùn zài huǒ jiàn wéi sān jí yùn zài huǒ jiàn　duì yùn zài
号"运 载 火 箭 为 三 级 运 载 火 箭。对 运 载

huǒ jiàn de yán zhì　yǐ　jīng chéng wéi gè guó háng kōng lǐng yù
火 箭 的 研 制 已 经 成 为 各 国 航 空 领 域

de zhòng yào kè　tí
的 重 要 课 题。

载人航天器

AOMI TIANXIA

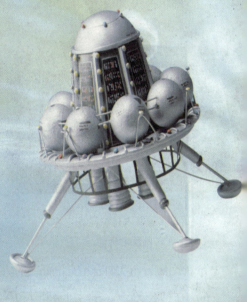

载人航天器是指能够满足人在其中生活和工作的航天器。它与人造卫星等不载人航天器的主要区别是：舱内有适合人类生存的大气压，有适宜的温度和湿度，并提供饮水、食物及生活设施，因此具有生命保障功能；具有人类工作所需的操作和实验设备；具有天地通信功能，使航天器中的人能够与地面控制中心进行语音通信。

84

航天器

航天器是指在绕地球轨道或外层空间中按照受控飞行路线运行的载人飞行器。载人航天器按照其发展过程和功能可以分为三种：载人飞船、空间站和航天飞机。载人飞船能够满足人类对于开发太空资源的需求，这种技术成熟之后，空间站便产生了。

rén lèi zài zài rén háng tiān qì zhōng bù jǐn
人类在载人航天器中，不仅

kě yǐ jìn xíng gè zhǒng shí yàn wán chéng gè zhǒng
可以进行各种实验、完成各种

cè dìng wéi xiū hù lǐ háng tiān shè bèi hái néng jìn
测定、维修护理航天设备，还能进

xíng rì cháng shēng huó
行日常生活。

▲载人航天器的发明加速了人类认识太空的进程。

太空站

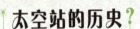
AOMI TIANXIA

tài kōng zhàn shì zhǐ zài tài kōng
太空站是指在太空
yùn xíng gōng háng tiān yuán zài qí zhōng
运行,供航天员在其中
cháng qī shēng huó gōng zuò bìng jù
长期生活、工作,并具
yǒu tíng bó qí tā háng tiān qì gōng néng
有停泊其他航天器功能
de zài rén háng tiān qì
的载人航天器。

> ### 太空站的历史?
>
> 1971年,苏联发射了世界上第一个太空站——"礼炮1号",此后又陆续发射了"礼炮"2-7号。美国1973年利用"阿波罗"登月计划的剩余物资发射了"天空实验室"太空站。2008年9月25日,中国发射了"神舟七号"飞船。

tài kōng zhàn de zhǔ yào yòng tú shì lì yòng shī zhòng huán jìng jìn xíng cái liào jiā gōng
太空站的主要用途是利用失重环境进行材料加工、

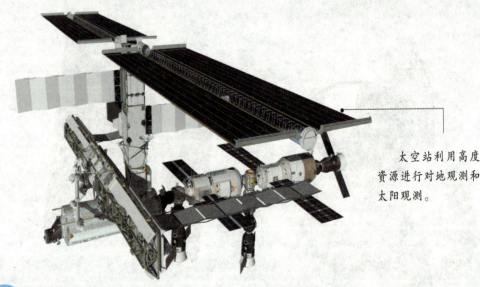

太空站利用高度资源进行对地观测和太阳观测。

shēng wù jì shù　shī zhòng kē xué
生物技术、失重科学、

shēngmìng kē xuéděng kē xuéyán jiū
生命科学等科学研究。

tài kōngzhàn fēn wéi dān yī shì
太空站分为单一式

hé zǔ hé shì liǎngzhǒngxíng shì　dān
和组合式两种形式。单

yī shì tài kōngzhànyóuyùn zài huǒjiànhuòzhěhángtiān fēi jī zhí jiē fā shè jìn rù yù dìng guǐ
一式太空站由运载火箭或者航天飞机直接发射进入预定轨

dào　zǔ hé shì tài kōngzhàn zé xū yàoyóushùméi huǒjiànhuòzhěhángtiān fēi jī jīng guò ruò
道；组合式太空站则需要由数枚火箭或者航天飞机经过若

gān cì fā shè cái néng zǔ zhuāngchénggōng
干次发射才能组装成功。

tài kōngzhàn de yán zhì shì rén lèi jìn rù
太空站的研制是人类进入

tài kōnglǐng yù jiàozhòngyào de yí bù
太空领域较重要的一步。

太空站又称空间站。

太空站功能强大。

太空站中工作的宇航员。

探测器

AOMI TIANXIA

tàn cè qì shì zhǐ duì yuè qiú   tài
探测器是指对月球、太

yáng   tài yáng xì xíng xīng huì xīng xiǎo xíng
阳、太阳系行星、彗星、小行

xīng jí yǔ zhòu tiān tǐ jìn xíng tàn cè de wú
星及宇宙天体进行探测的无

rén háng tiān qì
人航天器。

qì jìn wéi zhǐ   rén lèi yǐ jīng xiàng yuè
迄今为止，人类已经向月

qiú   tài yáng jí tài yáng xì nèi chú míng wáng
球、太阳及太阳系内除冥 王

▲水星探测器。

月球探测器对月
球土壤进行取样，然后
带着样品返回地球。

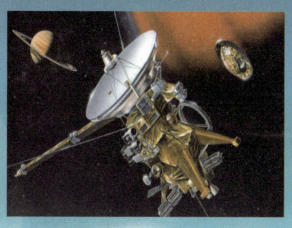

xīng wài de qí tā xíng xīng fā shè le tàn cè qì tàn cè qì kuòzhǎn le rén lèi de shì yě
星外的其他行星发射了探测器,探测器扩展了人类的视野。

　　huǒxīng shì rén men shí fēn gǎnxìng qù de xīng qiú　yě shì fā shè tàn cè qì zuì duō de
　　火星是人们十分感兴趣的星球,也是发射探测器最多的

xīng qiú zhī yī　　　　　　nián　zhōngguó huǒxīng tàn cè　jì huàzhōng de dì　yī　kē huǒxīng tàn
星球之一。2011年,中国火星探测计划中的第一颗火星探

cè qì　　　　　　　yíng huǒ yī hào
测器——"萤火一号"

zhèng shì fā shè
正式发射。

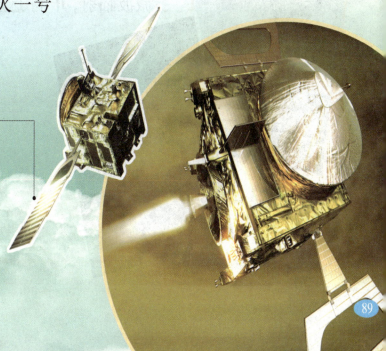

探测器

　　探测器的种类众
多,图为人类发射的
太阳探测器。

气象卫星
AOMI TIANXIA

qì xiàng wèi xīng shì zhǐ xié dài gè zhǒng dà qì yáo gǎn
气象卫星是指携带各种大气遥感

tàn cè yí qì cóng tài kōng duì dà qì céng jìn xíng qì xiàng
探测仪器，从太空对大气层进行气象

guān cè de rén zào wèi xīng qì xiàng wèi xīng zhōng de qì xiàng
观测的人造卫星。气象卫星中的气象

yáo gǎn qì jiē shōu dì
遥感器接收地

qiú jí qí dà qì de kě jiàn guāng hóng wài xiàn hé
球及其大气的可见光、红外线和

wēi bō fú shè bìng jiāng zhè xiē xìn xī chuán sòng dào
微波辐射，并将这些信息传送到

▲ 雷达气象卫星。

世界上第一颗气象卫星"泰罗斯号"是由美国发射的。

dì miàn dì miàn jiē shōuzhàn jiē shōuhòu huì
地面,地面接收站接收后绘

zhì chū gè zhǒng yún céng dì biǎo hé yáng
制出各种云层、地表和洋

miàn tú piàn jù cǐ kē xué jiā jiù kě yǐ
面图片。据此,科学家就可以

dé zhī tiān qì biànhuà de qū shì
得知天气变化的趋势。

qì xiàng wèi xīng guān cè xiàn zài yǐ jīng
气象卫星观测现在已经

guǎng fàn yìng yòng yú qì xiàng guān cè huán
广泛应用于气象观测、环

jìng jiān cè dà qì hǎi yáng shuǐwén de yán
境监测、大气、海洋、水文的研

jiū hé jiān cè
究和监测。

气象卫星

气象卫星的测试内容主要包括:卫星云图的拍摄;云顶温度、状况的观测;陆地表面状况的观测;大气水量的分布;大气中臭氧的含量及其分布;太阳的入射辐射以及地气体系向外太空的红外辐射;空间环境状况的监测。

和平号空间站

AOMI TIANXIA

hé píng hào kōng jiān zhàn shì sū lián dì èr gè
和平号空间站是苏联第二个

zài rén kōng jiān zhàn yě shì shì jiè shang dì yī gè
载人空间站,也是世界上第一个

cháng qī xìng kě biàn huàn gōng néng hé kuò dà de zài
长期性、可变换功能和扩大的载

rén kōng jiān zhàn
人空间站。

hé píng hào kōng jiān zhàn shì sū lián yú nián yuè rì zì fā shè hé xīn cāng
和平号空间站是苏联于1986年2月20日自发射核心舱

hòu kāi shǐ zǔ jiàn de zhì nián yuè rì zǔ jiàn wán bì hé píng hào kōng jiān zhàn
后开始组建的,至1996年4月26日组建完毕。和平号空间站

"和平号"空间站?

　　在"和平号"空间站最后的日子里,曾有人计划将它购买,在外太空进行对影视节目的制作,这样它就会成为世界上第一个在轨的电影及电视工作室。因此,有人赞助对和平站的修复工作,希望可以将其使用,但是由于经济的支付能力欠佳,未能如愿。

yóu yú hángtiānyuáncháng qī duì shī xiào de shè bèi jí shí jìn xíng wéi xiū　yīn cǐ hé píng hào
由于航天员长期对失效的设备及时进行维修,因此和平号

kōng jiān zhàn yì zhí yùn xíng le　nián　qí
空间站一直运行了15年。其

jiān yǒu　gè guó jiā de　míng háng tiān
间,有12个国家的134名航天

yuán zài kōng jiān zhàn shang gōng
员在空间站上工

zuò hé shēnghuóguo
作和生活过。

hé píng hào tài kōng zhàn
和平号太空站

zài qǔ dé huī huángchéng jiù de
在取得辉煌成就的

▲ 和平号空间站创造了许多世界之最,它环绕地球飞行了近8万圈。

tóng shí   yě jīng lì le xǔ duō fēng xiǎn   tā céng jīng zāo shòu shī huǒ   mì fēng cāng xiè lòu

同时,也经历了许多风险。它曾经遭受失火、密封舱泄漏、

guǎn lù pò liè   jì suàn jī shī líng   wú xiàn diàn tōng xìn zhōng duàn   huò yùn fēi chuán zhuàng

管路破裂、计算机失灵、无线电通信中断、货运飞船撞

jī děng jìn   cì shì gù   hé píng hào kōng jiān zhàn yú

击等近2 000次事故。和平号空间站于

nián   yuè   rì zhuì luò zài nán tài píng yáng hǎi yù

2001年3月23日坠落在南太平洋海域,

jié shù le   tā guāng huī yǔ mó nàn jiāo zhī de   yì shēng

结束了它光辉与磨难交织的一生。

和平号空间站由核心舱及与它对接的各个功能舱组成。

CHAPTER 8 第八章

电子网络时代

　　21世纪是网络的时代,网络通过一只无形的手将全世界的人们联系在了一起。那么,神奇的网络到底是怎样办到的呢?

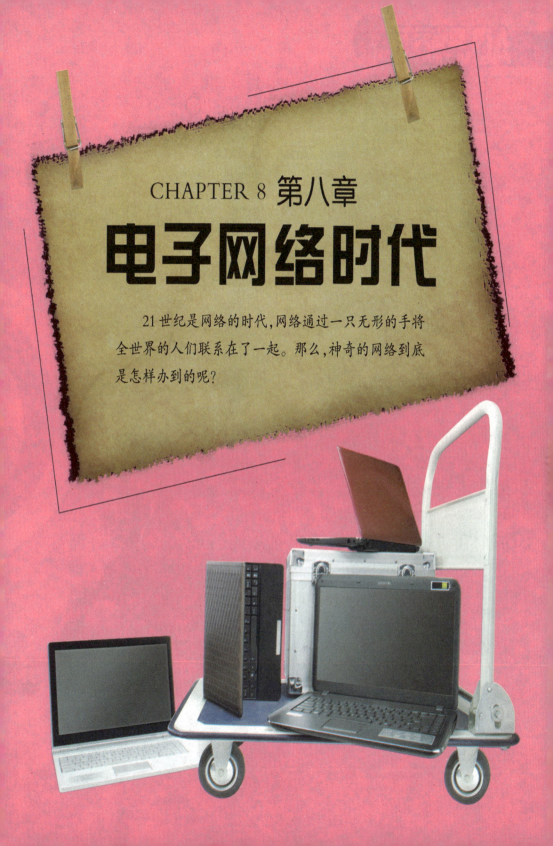

电子邮件

AOMI TIANXIA

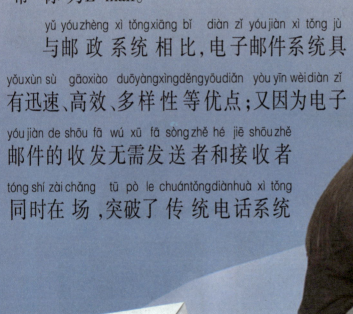

diàn zǐ yóu jiàn shì yì zhǒng fā sòng zhě hé jiē shōu zhě zhī jiān lì yòng tōng xìn wǎng luò
电子邮件是一种发送者和接收者之间利用通信网络

jìn xíng wén běn shù jù tú xiàng huò yǔ yán děng xìn xī de fēi jiāo hù shì tōng xìn tōng
进行文本、数据、图像或语言等信息的非交互式通信，通

cháng chēng wéi
常称为E-mail。

yǔ yóu zhèng xì tǒng xiāng bǐ diàn zǐ yóu jiàn xì tǒng jù
与邮政系统相比，电子邮件系统具

yǒu xùn sù gāo xiào duō yàng xìng děng yōu diǎn yòu yīn wèi diàn zǐ
有迅速、高效、多样性等优点；又因为电子

yóu jiàn de shōu fā wú xū fā sòng zhě hé jiē shōu zhě
邮件的收发无需发送者和接收者

tóng shí zài chǎng tū pò le chuán tǒng diàn huà xì tǒng
同时在场，突破了传统电话系统

互联网标志

@ 英文读作 at，是互联网的标志。

de shí jiān xiàn zhì   shǐ diàn zǐ yóu
的时间限制，使电子邮

jiàn hěn kuài dé yǐ pǔ jí
件很快得以普及。

xiàn dài shè huì   diàn zǐ yóu
现代社会，电子邮

jiàn yǐ jīng zhú jiàn dài tì le chuán
件已经逐渐代替了传

tǒng yóu jiàn chéng wéi rén men chuán
统邮件 成 为人们 传

dì xìn xī de zhǔ liú
递信息的主流。

光纤通信

guāng xiān shì guāng dǎo xiān wéi de jiǎn chēng kě
光纤是光导纤维的简称,可

yòng lái shū sòng diàn néng guāng xiān de zhǔ yào yuán liào
用来输送电能。光纤的主要原料

wéi shí yīng
为石英。

yǔ qí tā tōng xìn xì tǒng xiāng bǐ guāng xiān tōng
与其他通信系统相比,光纤通

xìn xì tǒng jù yǒu chuán shū xìn hào róng liàng dà chuán shū
信系统具有传输信号容量大、传输

sǔn hào xiǎo wú chuàn rǎo bǎo mì xìng hǎo chéng běn dī
损耗小、无串扰、保密性好、成本低

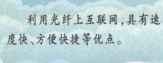

利用光纤上互联网,具有速
度快、方便快捷等优点。

děng yōu diǎn guāng xiān tōng xìn xì tǒng yóu guāng
等优点。光纤通信系统由光

zhōng duān jī zhōng jì qì hé guāng lǎn zǔ
终端机、中继器和光缆组

chéng guāng lǎn fēn wéi lù dì guāng lǎn hé hǎi dǐ
成。光缆分为陆地光缆和海底

guāng lǎn lù dì guāng lǎn tōng xìn bāo kuò shì nèi
光缆。陆地光缆通信包括市内

tōng xìn hé cháng tú tōng xìn hǎi dǐ guāng lǎn tōng
通信和长途通信;海底光缆通

xìn bāo kuò yán hǎi tōng xìn hé guó jì tōng xìn
信包括沿海通信和国际通信。

光纤的组成

光纤由内芯和包层组成,内芯一般为几十微米或几微米,比头发丝还要细,包层的作用是保护光缆。

光纤宽带

光纤宽带是把要传输的数据由光信号转化为电信号进行通讯的,在光纤的两端装有"光猫"进行转换。

光纤传递信号?

光纤通信始于20世纪70年代。光纤通信的发展历史只有三四十年,但是却已经成为现代通信网的主要通讯手段,它与卫星通信、移动通信并列为20世纪90年代的技术。由于光纤的传输距离远,所以我们使用电脑就可以通过光纤传递信号。

微波通信

wēi bō tōng xìn shì wú xiàn diàn tōng xìn de yì zhǒng wēi bō zài kōng qì zhōng shì zhí

微波通信是无线电通信的一种。微波在空气中是直

xiàn chuán bō de rén men zài měi gé qiān mǐ zuǒ yòu de dì fang jiù shè zhì yí gè zhōng jì

线传播的,人们在每隔50千米左右的地方就设置一个中继

zhàn zhōng jì zhàn kě yǐ bǎ chuán sòng lái de wēi bō jīng guò fàng dà rán hòu zài sòng dào

站,中继站可以把传送来的微波经过放大,然后再送到

xià yí gè zhōng jì zhàn wēi bō jiù shì tōng guò zhè zhǒng fāng shì tōng xìn de

下一个中继战。微波就是通过这种方式通信的。

wǒ guó de zhōng yāng diàn shì tái měi

我国的中央电视台,每

tiān yào bō fàng shàng qiān gè jié mù zhè xiē

天要播放上千个节目,这些

特点

微波通信具有容
量大、质量好、传送距
离远等特点。

jié mù jiù shì yóu běi jīng wēi bō shū niǔ zhàn jīng guò guó nèi
节目就是由北京微波枢纽站经过国内

sì gè fāng xiàng de wēi bō gàn xiàn sòng wǎng gè shěng
四个方向的微波干线送往各省、

shì qū diàn shì tái zài jīng guò gè dì de diàn shì fā shè
市、区电视台,再经过各地的电视发射

jī zhuǎn bō
机转播。

wēi bō jiē lì tōng xìn de zhǔ yào yōu diǎn yǒu chuán sòng de xìn hào róng liàng dà wéi
微波接力通信的主要优点有: 传送的信号容量大;维

hù jiǎn biàn bǎo mì xìng bǐ qí tā tōng xìn fāng
护简便;保密性比其他通信方

shì hǎo de duō
式好得多。

通信技术

微波通信技术是
国家通信网的一种重
要通信技术。

微波通信的特点？

微波通信的抗灾性能十分优越,在一
定条件下可以抵制风灾、水灾等自然灾
害,但是在空中传送信号时,容易受到干
扰,因为信号的输送是有一定标准的,所
以微波电路要符合无线电管理部门的要
求,才能正常运行和使用。

笔记本电脑简称 NB,是20世纪90年代发展起来的一种体积小、重量轻、方便灵活的计算机,又称手提电脑。这种电脑一般只有公文包大小,重量不超过5千克,便于随身携带,通过无线电话还能连入网络进行通信。

笔记本电脑从用途上来看可以分为四类：商务型、时尚型、多媒体应用型、特殊用途型。现在有的笔记本只有巴掌大小，却具有PC机的所有功能，深受人们的喜爱。

▲ 笔记本电脑正朝着便携、低耗能、高性能的方向发展。

未来，笔记本会成为人们办公、娱乐的首选机。

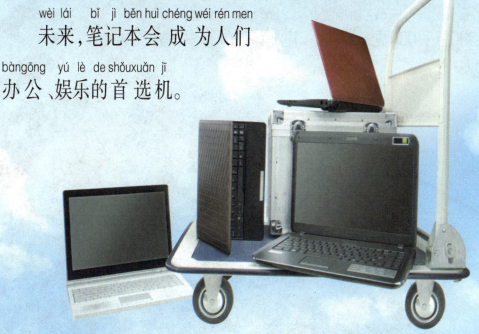

掌上电脑
AOMI TIANXIA

掌上电脑即PDA，是个人数字助理的意思，用于个人信息的储存、应用和管理。掌上电脑是一种超微型计算机，是继笔记本电脑之后计算机小型化的又一成果。掌上电脑一般只有手掌大小，可以装入口袋，重量在500～1 000克。掌上电脑取消了传统的键

掌上电脑可以与网络进行通信。

pán shǔ biāo děng shū rù shè bèi dài zhī yǐ tè zhì de
盘、鼠标 等 输入设备，代之以特制的

shū rù bǐ zhí jiē zài yè jīng píng mù shàng yòng shǒu xiě
输入笔，直接在液晶屏幕上 用 手 写

shū rù wén zì
输入文字。

zhǎng shang diàn nǎo jù
掌 上 电脑具

yǒu qiáng dà de xiū xián yú lè gōng néng kě yǐ kàn diàn yǐng dú
有 强 大 的 休 闲 娱 乐 功 能，可 以 看 电 影、读

diàn zǐ shū wán yóu xì xué wài yǔ shàng wǎng liú lǎn wǎng yè
电 子 书、玩 游 戏、学 外 语、上 网 浏 览 网 页

děng tā yǐ jīng chéng wéi rén men shēng huó zhōng bù kě quē shǎo
等，它 已 经 成 为 人 们 生 活 中 不 可 缺 少

de bì bèi yòng pǐn
的必备用品。

掌上电脑与台式机?

掌上电脑和台式机有很多相像的地方，比如它们都有 CPU、存储器、显示芯片以及操作系统。正如个人电脑有 Mac 和 Windows 之分，根据操作系统不同，PDA 有 Palm 和 PPC 之分，但大体上功能是相同的。

互联网
AOMI TIANXIA

guó jì hù lián wǎng　yòu jiào yīn tè wǎng　 tā
国际互联网，又叫因特网，它

jiāng quán shì jiè de wǎng luò lián jiē zài yì qǐ ér
将全世界的网络连接在一起而

chéng wéi yí gè quán qiú xìng wǎng luò　 tā lián jié le
成为一个全球性网络。它联结了

shì jiè shang yì bǎi duō gè guó jiā shù yǐ yì jì de
世界上一百多个国家数以亿计的

diànnǎo yì bān lái shuō yīn tè wǎng yǒu liǎng dà yòng tú cháyuè gè lèi wǎng yè hé shōu
电脑。一般来说,因特网有两大用途:查阅各类网页和收

fā xìn hán
发信函。

xiàn zài rén men jǐ hū kě yǐ zài hù lián wǎng shang jìn xíng rèn hé shì qíng cháyuè zī
现在人们几乎可以在互联网 上 进行任何事情,查阅资

liào xué xí kàn diànyǐng dú shū huòzhě shì jiàn lì zì jǐ de kōng jiān bó kè zài lǐ
料、学习、看电影、读书,或者是建立自己的空间、博客,在里

miàn fā biǎo zì jǐ de xiǎng fǎ xiàn dài shè huì zhōng rén men de shēnghuó yǐ jīng lí bu kāi
面发表自己的想法。现代社会 中 ,人们的 生 活已经离不开

hù lián wǎng
互联网。

现在,人们通过▶
国际互联网几乎可
以获取任何信息和
资源。

黑客

AOMI TIANXIA

黑客是英文"Hacker"一词的音译,大意是指电脑系统的非法入侵者。

电脑黑客是电脑和网络安全的一大危害。黑客凭借过人的电脑技术能够不受限制地在网络里为所欲为。经常有关于黑客破坏了他人电脑系统的报道,人们应当运用电脑知识更好地工作和生活,而不是以破坏网络设施、窃取他人信息资料为乐,更不能随意

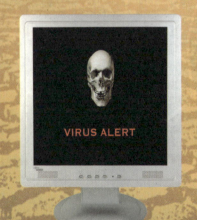

VIRUS ALERT

黑客一般都是十分精通电脑的人。

qīn fàn tā rén quán yì　fǒu zé jiāng huì shòu dào fǎ lù
侵犯他人权益,否则将会受到法律

de zhì cái
的制裁。

文明上网
　　我们提倡文明上网,这样才能保持一个良好的网络环境。

黑客的来历?

　　1946年,最早的计算机在美国宾夕法尼亚大学诞生。20世纪50年代,最早的黑客在麻省理工学院诞生。当时学院里的一个学生组织中的一些成员不满政府当局对某个电脑系统所采取的限制措施,而自己闯入系统,于是最早的黑客诞生了。

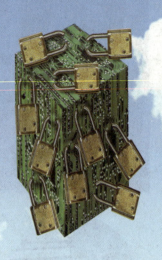

防火墙

AOMI TIANXIA

wèi le fáng zhǐ bìng dú rù qīn diàn nǎo rén men fā
为了防止病毒入侵电脑,人们发

míng le shā dú ruǎn jiàn hé fáng huǒ qiáng fáng huǒ qiáng shì
明了杀毒软件和防火墙。防火墙是

zhǐ wèi le fáng zhǐ bìng dú huò fēi fǎ pò huài zhě rù qīn dào
指为了防止病毒或非法破坏者入侵到

nèi bù wǎng luò ér cǎi qǔ de yì zhǒng jì shù cuò shī
内部网络而采取的一种技术措施。

fáng huǒ qiáng yóu yìng jiàn hé ruǎn jiàn zǔ chéng chǔ yú diàn nǎo nèi bù wǎng luò hé wài
防火墙由硬件和软件组成,处于电脑内部网络和外

bù wǎng luò zhī jiān diàn nǎo nèi liú tōng de shù jù zī yuán dōu yào jīng guò fáng huǒ qiáng de chǔ
部网络之间,电脑内流通的数据资源都要经过防火墙的处

理。设置防火墙，可以拒绝外面发出的可能是病毒的数据请求，也能阻止内部关键数据传到外面。

现代社会中的所有计算机都具有防火墙，而防火墙也"忠实地履行着自己保卫网络安全的职责"。

作用 ▶

防火墙像锁链一样能够将电脑信息"锁住"。

第四代防火墙？

1992 年，USC 信息院开发出了一种基于动态包过滤技术的第四代防火墙，后来，这种技术演变成状态监视技术。1994 年，以色列的一家公司率先研制出第一个采用这种技术的商业化产品。

ⓒ 崔钟雷 2012

图书在版编目(CIP)数据

孩子最爱看的科学奥秘传奇 / 崔钟雷编著.—沈阳:
万卷出版公司, 2012.6 (2019.6 重印)
(奥秘天下)
ISBN 978-7-5470-1868-2

Ⅰ.①孩… Ⅱ.①崔… Ⅲ.①科学知识–少儿读物
Ⅳ.①Z228.1

中国版本图书馆 CIP 数据核字 (2012) 第 090623 号

出版发行: 北方联合出版传媒 (集团) 股份有限公司
　　　　　万卷出版公司
　　　　　(地址: 沈阳市和平区十一纬路 29 号 邮编: 110003)
印 刷 者: 北京一鑫印务有限责任公司
经 销 者: 全国新华书店
幅面尺寸: 690mm×960mm　1/16
字　　数: 100 千字
印　　张: 7
出版时间: 2012 年 6 月第 1 版
印刷时间: 2019 年 6 月第 4 次印刷
责任编辑: 邢和明
策　　划: 钟　雷
装帧设计: 稻草人工作室
主　　编: 崔钟雷
副 主 编: 张文光　翟羽朦　李　雪
ISBN 978-7-5470-1868-2
定　　价: 29.80 元

联系电话: 024-23284090
邮购热线: 024-23284050/23284627
传　　真: 024-23284448
E－mail: vpc_tougao@163.com
网　　址: http://www.chinavpc.com